MONEY MATTERS

EL Dinero Importa

Bilingual Edition English-Spanish | Edición bilingüe inglés-español

Morgan Brody

MATH ON
MY MIND

EZ Readers lets children delve into nonfiction at beginning reading levels. Young readers are introduced to new concepts, facts, ideas, and vocabulary.

EZ Readers permite que los niños se adentren en la no ficción en los niveles iniciales de lectura. Los lectores jóvenes son introducidos a nuevos conceptos, hechos, ideas y vocabulario.

Tips for Reading Nonfiction with Beginning Readers
Consejos para leer no ficción con lectores principiantes

- Begin by explaining that nonfiction books give us information that is true.
  Comience explicando que los libros de no ficción nos dan información verdadera.

- Most nonfiction books include a Contents page, an index, a glossary, and color photographs. Share the purpose of these features with your reader.
  La mayoría de los libros de no ficción incluyen una página de Contenido, un índice, un glosario y fotografías en color. Comparta el propósito de estas características con su lector.

- The **Contents** displays a list of the big ideas within the book and where to find them.
  El Contenido muestra una lista de las grandes ideas dentro del libro y dónde encontrarlas.

- An **index** is an alphabetical list of topics and the page numbers where they are found.
  Un índice es una lista alfabética de temas y los números de página donde se encuentran.

- A **glossary** contains key words/phrases that are related to the topic.
  Un glosario contiene palabras clave o frases relacionadas con el tema.

- A lot of information can be found by "reading" the **charts** and **photos** found within nonfiction text.
  Se puede encontrar mucha información al "leer" los cuadros y las fotos que se encuentran en el texto de no ficción.

With a little help and guidance about reading nonfiction, you can feel good about introducing a young reader to the world of *EZ Readers* nonfiction books.

Con un poco de ayuda y orientación sobre la lectura de no ficción, puede sentirse bien al presentar a un joven lector al mundo de los libros de no ficción de *EZ Readers*.

First Edition, 2020.

Author/Autor: Morgan Brody
Designer/Diseñador: Ed Morgan

Names/credits:
Title: Money Matters El Dinero Importa / by Morgan Brody
Description: Hallandale, FL :
Mitchell Lane Publishers, [2020]

Series: Math on My Mind

Library bound ISBN: 9781680205497
eBook ISBN: 9781680205503

EZ Readers is an imprint of Mitchell Lane Publishers

Bilingual Edition English-Spanish
Edición bilingüe inglés-español

Photo credits: Getty Images, Freepik.com, Shutterstock.com

CONTENTS
CONTENIDO

I have a jar full of coins.
I want to count my money.

Tengo un tarro lleno de monedas.
Quiero contar mi dinero.

4

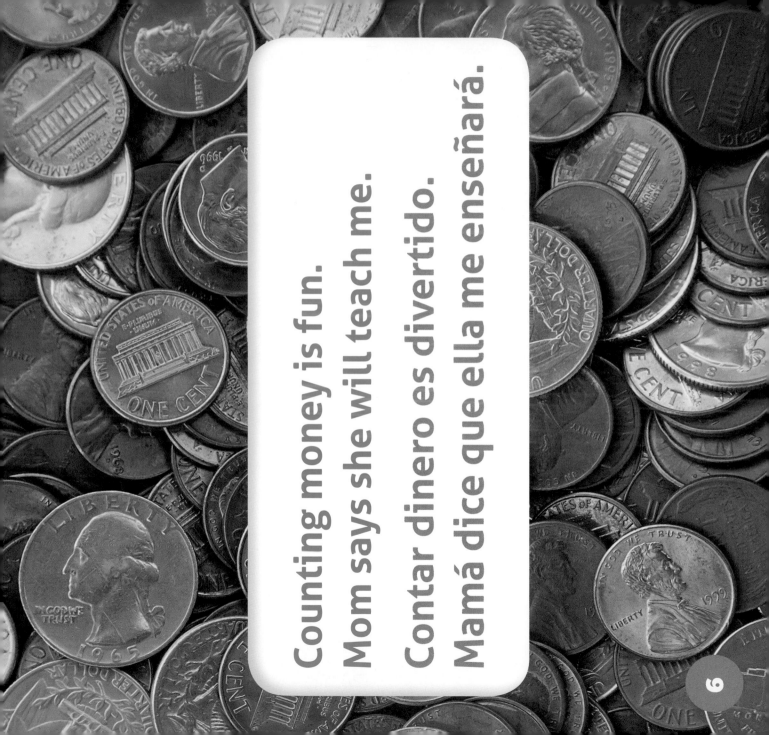

Counting money is fun.

Mom says she will teach me.

Contar dinero es divertido.

Mamá dice que ella me enseñará.

She says a penny is one cent.

They are easy to count.

You start with one and keep going.

One cent, two cents, three cents,

and on and on.

Ella dice que un centavo es

un centavo.

Son fáciles de contar.

Empiezas con uno y sigues adelante.

¡Un centavo, dos centavos, tres

centavos, y así sucesivamente!

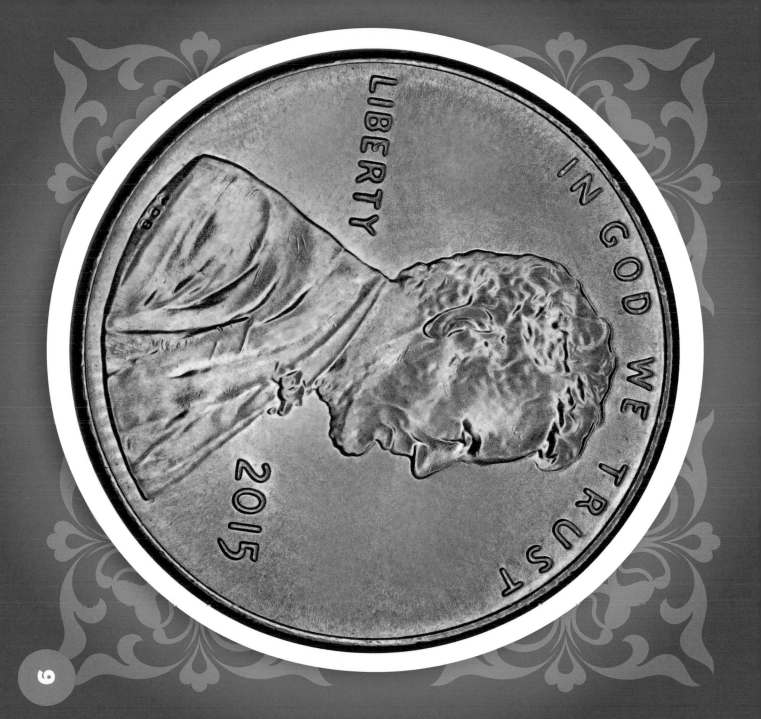

Nickels are silver coins.
You count them by fives.
5, 10, 15, and on and on!

Los níqueles son monedas de plata.
Los cuentas de cinco en cinco.
5, 10, 15, ¡y así sucesivamente!

Dimes are silver and smaller than nickels.

You count dimes by tens. 10, 20, 30, and on and on!

Los dimes son plateados y más pequeños que los cinco centavos.

Usted cuenta diez centavos por decenas. 10, 20, 30, ¡y así sucesivamente!

Quarters are big and silver.
A quarter is 25 cents.
It takes four quarters to
make a dollar.
$.25, $.50, $.75, $1.00

Los cuartos son grandes
y plateados.
Un cuarto es 25 centavos.
Se necesitan 4 trimestres
para hacer un dólar.
$ .25, $ .50, $ .75, $ 1.00

I have lots of money in my jar.
Time to go shopping!

Tengo mucho dinero en mi jarra.
¡Es hora de ir de compras!

16

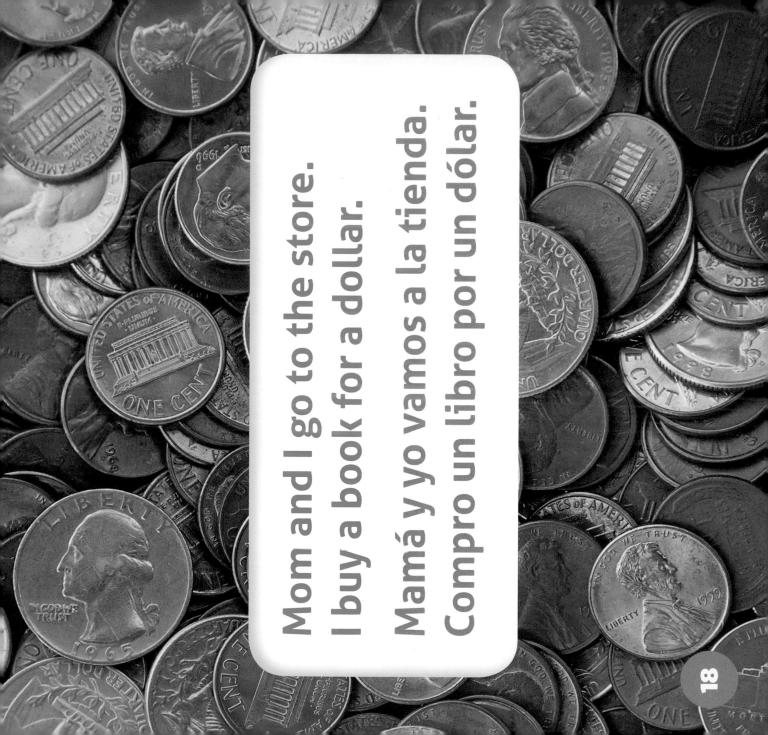

Mom and I go to the store.
I buy a book for a dollar.

Mamá y yo vamos a la tienda.
Compro un libro por un dólar.

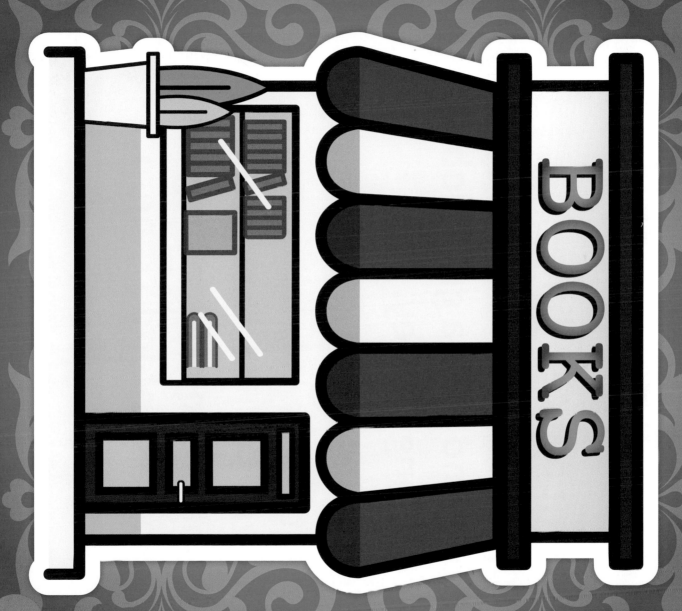

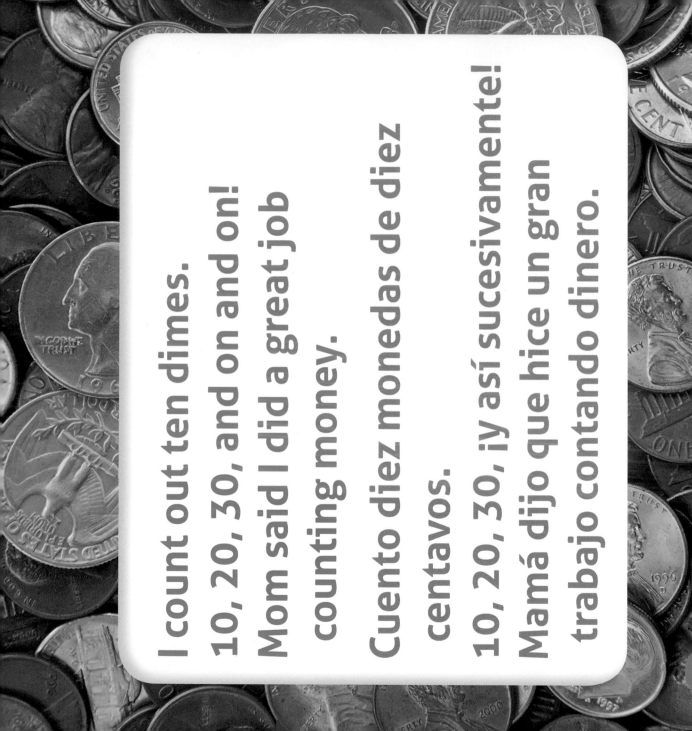

I count out ten dimes.

10, 20, 30, and on and on!

Mom said I did a great job counting money.

Cuento diez monedas de diez centavos.

10, 20, 30, ¡y así sucesivamente!

Mamá dijo que hice un gran trabajo contando dinero.

20

Playing with Money Jugando con Dinero

- Let children "free play" with the coins.
  Deje que los niños "jueguen gratis" con las monedas.

- Give your child a mix of coins and have her start by counting how many there are. Each week, introduce a new coin with its name ("this is called a quarter") and have her practice picking it out of a pile.
  Dele a su hijo una combinación de monedas y haga que comience contando cuántas hay. Cada semana, introduzca una nueva moneda con su nombre ("esto se llama un cuarto") y haga que practique recogerla de una pila.

- Play a shape-sorting game with the coins in your jar or bank. Stack pennies with pennies, nickels with nickels, and so.
  Juega un juego de clasificación de formas con las monedas en tu jarra o banco. Apilar centavos con centavos, centavos con centavos, y así.

- Practice counting by ones, fives, tens and quarters.
  Practicar el conteo por unidades, cinco, diez y cuartos.

- Set up a toy store with your favorite toys. Ask an adult to put a price tag on the toy. Count your money to buy the toy.
  Crea una tienda de juguetes con tus juguetes favoritos. Pídale a un adulto que ponga una etiqueta de precio en el juguete. Cuenta tu dinero para comprar el juguete.

- When you go to the store, pick out the coins mom says you will need to buy the item.
  Cuando vayas a la tienda, elige las monedas que mamá dice que tendrás que comprar el artículo.

- Make your very own piggy bank.
  Haz tu propia alcancía.

Glossary Glosario

cents

A unit of money that is equal to 1/100 of the basic unit of money in many countries

centavos

Una unidad de dinero que es igual a 1 / 100 de la unidad básica de dinero en muchos países

coins

A small, flat, and usually round piece of metal issued by a government as money

monedas

Una pieza de metal pequeña, plana y generalmente redonda, emitida por un gobierno como dinero

dimes

A U.S. coin that is worth 10 cents

monedas de diez centavos

Una moneda de EE.UU. que vale 10 centavos

dollar

A basic unit of money in the U.S that is equal to 100 cents

dólar

Una unidad básica de dinero en los Estados Unidos que es igual a 100 centavos

penny

Coin or a unit of money equal to 1/100 of a dollar

centavo

Moneda o una unidad de dinero igual a 1/100 de un dólar

quarter

A coin of the United States that is worth 25 cents

trimestre

Una moneda de los Estados Unidos que vale 25 centavos

Further Reading Otras Lecturas

Viorst, Judith. *Alexander, Who Used to Be Rich Last Sunday.* Alexander grapples with money management Paperback, August 30, 1987.

Jenkins, Emily & Karas, G. Brian. *Lemonade in Winter.* A Book About Two Kids Counting Money, September 11, 2012.

Brandt, Lois. *Maddi's Fridge.* The story teaches kids to realize that not everyone may be as fortunate as them and to think about and care for other people Hardcover, September 1, 2014.

On the Internet En Internet

Count up the coins to find out how much money has been saved in the piggy bank!
https://www.education.com/game/money-math-piggy-bank-game/

Interactive fun matching games
https://www.usmint.gov/learn/kids/games/coin-memory-match

Identifying and counting money is so much fun
https://www.splashmath.com/counting-money-games

About the Author Sobre el Autor

Morgan Brody taught elementary school in South Florida for 27 years. She was also a Math Coach and Math Liaison for 10 years. She loved teaching math to her students and teachers. She is now retired and enjoys writing books for Mitchell Lane. Helping her grandchildren with math projects is one of her favorite things to do.

Morgan Brody enseñó en una escuela primaria en el sur de la Florida durante 27 años. También fue entrenadora de matemáticas y enlace de matemáticas durante 10 años. Le encantaba enseñar matemáticas a sus alumnos y profesores. Ahora está jubilada y le gusta escribir libros para Mitchell Lane. Ayudar a sus nietos con proyectos de matemáticas es una de sus cosas favoritas para hacer.